Gerhard Kemme

Von Antenne zu Antenne

Kemme, Gerhard
Von Antenne zu Antenne
Herstellung und Verlag: Books on Demand GmbH,
Norderstedt 2014
ISBN-13: 978-3-8370-3862-0

Originalausgabe
© 3. Auflage, Herstellung und Verlag:
Books on Demand GmbH,
Norderstedt 2014
Alle Rechte vorbehalten

Inhaltsverzeichnis:

Vorwort zur dritten Auflage   4

Einführung   4

Erfahrungen mit Wasser und Luft   7

Modellvorstellung zur Erzeugung und Ausbreitung von Schallwellen   9

Ein Modell zur Schallentstehung   12

Eigenschaft elektromagnetisch   14

Äthermodell   15

Modellvorstellung elektrische Ladung   16

Modellvorstellungen zu den elektrischen Ladungen   21

Erzeugung elektromagnetischer Wellen über Schwingkreis und Antenne   23

Ausblick   27

Vorwort zur dritten Auflage

Nach fünf Jahren ruft dieses naturwissenschaftliche Sachbuch nach einem Update, denn das Wissen wächst, aber die Halbwertzeit des Wissen wird immer kleiner. Was gestern noch feste physikalische Überzeugung war, das ist dann heute einfach nur noch falsch. So entsteht die Frage, warum Erkenntnisse und zugehörige Theorien nicht gleich korrekt gelehrt und vermittelt werden – es ist nunmal so – Entwicklungsprozesse gehen vom Fehlerhaftem zum Besseren – und die perfekte Theorie benötigt ihre Zeit.

Einführung

Gegenstand dieser Betrachtungen soll das Phänomen der Übertragung von Funksignalen zwischen zwei Antennen sein. Wer etwas Entdeckergeist und Neugier bewahrt hat, der wird die Frage stellen, wie die Übertragung von Funksignalen zwischen einer Sende- und einer Empfangsantenne funktioniert. Die Antwort sollte anschaulich und auch im Unterricht vermittelbar sein, so dass es sich methodisch verbietet bei der Auswahl zwischen verschiedenen Darstellungen jeweils die abstraktere und kompliziertere zu wählen. Routinemäßig könnte gefragt werden, was die Eingabe von Schlagworten zu dieser Thematik in Suchmaschinen als Resultate brächte. Dies ist überprüft worden und man kann auch bei Durchsicht entsprechender Literatur nur davon sprechen, dass der Forschungsgegenstand bezüglich dem Vorhandensein eines Übertragungsmediums für Elektromagnetische Wellen einen Rückstand aufweist. Andrerseits gibt es Autoren, die sich die Übertragung von Funksignalen wie das Werfen von Bällen vorstellen, diese Annahme wird dann allerdings nicht weiter in ihren Konsequenzen begründet. Andere verzichten auf eine anschauliche Erklärung des Phänomens der Übertragung von Funkwellen und belassen es bei theoretischen Betrachtungen zum elektrischen Feld.

Im vorliegendem Buch wird die These vertreten, dass die hohe Beschleunigung einer auslenkenden Apparatur, z.B. einer Lautsprecher-Membran oder eines Elektrons, zur Ausstrahlung einer Welle mit konstanter Geschwindigkeit führt, wobei die Höhe der konstanten Geschwindigkeit von der Art des Mediums, z.B. Luft oder Vakuum (Äther), abhängen. Die physikalische Begrifflichkeit wird so verwendet, wie sie üblich ist. Somit wird ganz selbstverständlich der Begriff **Lichtgeschwindigkeit** benutzt, obwohl mit ihr ein Tempo bezeichnet wird, das sich nicht nur auf die Ausbreitung von Lichtwellen, sondern auf das gesamte **elektromagnetische Frequenzspektrum** bezieht. Eng verknüpft mit der Thematik ist die Frage, ob es ein Übertragungsmedium für Lichtwellen gäbe. Die Existenz eines solchen **Äthers** bleibt strittig und soll an dieser Stelle auch nicht als existent behauptet werden. Allerdings ist der Begriff seit Jahrhunderten eingeführt und läßt sich so gut für Modellvorstellungen bei der Thematik elektromagnetische Wellen verwenden. <u>So legt der Wellencharakter des Lichtes die Existenz eines mechanischen Übertragungsmediums mit</u>

auslenkbaren Teilchen nahe. Zum anderen deutet das Vorhandensein einer **konstanten Geschwindigkeit** darauf hin, dass es sich um eine **Bewegung innerhalb eines Mediums** handelt Dies wäre vergleichbar mit einem Torpedo, der von einem Boot ins Wasser gelassen wird und dann mit seiner konstanten Geschwindigkeit im Wasser läuft oder mit einem Vogel, der auf einem Fahrzeug gesessen hat und nach dem Abheben, dann mit der Geschwindigkeit durch sein Medium Luft fliegt, wie er immer - unabhängig von der Geschwindigkeit des Fahrzeuges - durch die Luft fliegt. Es geht in dieser Arbeit also auch um die begründete Entwicklung einer **Theorie des Äthers**. Methodisch werden hierzu alltägliche Wahrnehmungen bis hin zu einem Modell solchen "Äthers" logisch ausbuchstabiert. Aufgrund der Beschreitung - im Kontext der Gegenwart - neuer Denkwege, kann der hier beschrittene Weg zu Erkenntnissen mühselig und weitausholend wirken. Die Argumentationen beschränken sich nicht nur auf die Naturwissenschaft Physik, sondern müssen sich auch auf geisteswissenschaftlich-soziale Gegebenheiten beziehen.

Als Beispiel hierzu sei der Begriff **Relativismus** erwähnt, der unter dem Motto **alles ist relativ** weiten Einfluss auf menschliches Denken genommen hat. Dieser Begriff der **Bezogenheit** soll mit der Bedeutung **nächster Umgebung** konfrontiert werden: Räume, die sich in unmittelbarer Nachbarschaft eines Objektes befinden, sind bedeutsamer als solche mit großer Distanz. Ob die Bewegung einer Welle von einer anderen Geschwindigkeit **abhängig** ist oder nicht, kann nur per **Nahbetrachtung** geklärt werden. So bewegen sich die entgegengesetzten Wellenfronten einer soeben eingeschalteten kugelförmigen

Lichtquelle mit doppelter Lichtgeschwindigkeit voneinander fort, da sie voneinander unabhängig sind. Wird auf einem Fahrzeug, welches sich in Luft mit etwas weniger als Schallgeschwindigkeit bewegt, ein Gegenstand beschleunigt, so **bricht** die **Schallmauer** vor dem Gegenstand und ein knallartiges Geräusch wird mit Schallgeschwindigkeit übertragen: Die Bewegung des Gegenstandes war von der des Fahrzeuges **abhängig**.

Ein methodischer Schwerpunkt soll besonders auf Praktizierung einer analytisch-logischen Argumentationsweise liegen und sich somit gegen die pure Nennung physikalischer Sätze als unbegründete Wiederholungen abgrenzen.

Erfahrungen mit Wasser und Luft

Stößt man einen **Metallstab** an einem Ende an, so bewegt sich fast zeitgleich das andere Ende. Diese Erfahrung der **schnellen** Übertragung von langsamen Bewegungen macht man bei einem leichten Fächeln in Wasser oder Luft nicht. Solche beweglicheren elastischen Übertragungs-Medien leiten die verursachten Wellen im **Schritttempo** weiter. Trotzdem gibt es fast schallschnelle Wasserwellen mit hoher Energie. Die Antwort ist einfach: <u>Auf die Beschleunigung, mit der das Wasser von einem Wellenerreger ursprünglich in Bewegung gesetzt wurde,</u> kommt es an. Eine schnell bewegte Membranfläche bewirkt den Stau der Wassermoleküle: Es fließen mehr Moleküle zu als abfließen können. Anhand der Bugwelle eines Schiffes kann dieses Phänomen besonders gut beobachtet werden. Man kann sehen, wie sich die H2O-Moleküle nach oben aufstauen. Somit wird dann die blitzschnelle Übertragung hochenergetischer Wellen im Medium Wasser möglich. Diese kann ähnlich der Verschiebung einer Eisenstange aufgefasst werden: Die Bewegung des einen Endes zieht beinahe phasengleich die Bewegung des anderen Endes nach sich. Zusammengefasst gilt, dass die Härte von Wasser unterschiedlich ist, je nachdem, ob man vom Beckenrand oder vom Zehn-Meter-Turm hinein springt. <u>In Abhängigkeit von der Geschwindigkeit des Eintauchens und damit größe der Beschleunigung der zuvor im Ruhezustand befindlichen Wassermoleküle wirkt dieses flüssige Medium so, als handelte es sich um unterschiedliche Materialien.</u>

Genau die gleichen Erfahrungen existieren bezüglich des Fahrtwindes in Luft. Bei Schallgeschwindigkeit spricht der Physiker von einer Schallmauer, die durchbrochen wird. Durch Kompression der Luft hat deren Härte so zugenommen, dass die Luft vor dem Flugkörper fast Eigenschaften eines porösen Feststoffes bekommt, der durch Krafteinwirkung zerbrochen wird und hierbei einen Ton abgibt - den Überschall.

Oft ist bei Berichten von Überschallflügen von heftigen Stoßwellen die Rede, die nur durch eine extrem pfeilförmige Konstruktion gemindert werden. Wenn also einer Bewegung, die etwas kleiner als Schallgeschwindigkeit ist, eine weitere hinzugefügt wird, so kommt es trotzdem nur zur Abstrahlung einer Schallwelle mit dreihundertdreiundvierzig Meter pro Sekunde. Dies - obwohl der zweite Gegenstand über Schallgeschwindigkeit hinaus weiter beschleunigt wird. Langsames Fächeln mit der Hand, ein fahrendes Auto oder eine Passagiermaschine, unter Absehung von den Triebwerkgeräuschen, erzeugen keine gut wahrnehmbaren

Töne. Dagegen wird nach Überschreitung der Schallgeschwindigkeit ein hochenergetischer Knall wahrgenommen. Die Erklärung hierfür wäre, dass sich die Luftmoleküle zuvor im Ruhezustand befunden haben und nunmehr einer sehr hohen Beschleunigung ausgesetzt werden.

Modellvorstellung zur Erzeugung und Ausbreitung von Schallwellen

Weitverbreitet sind Vorstellungen, dass die vibrierende Membran eines Lautsprechers Schwingungen des Mediums Luft verursacht,

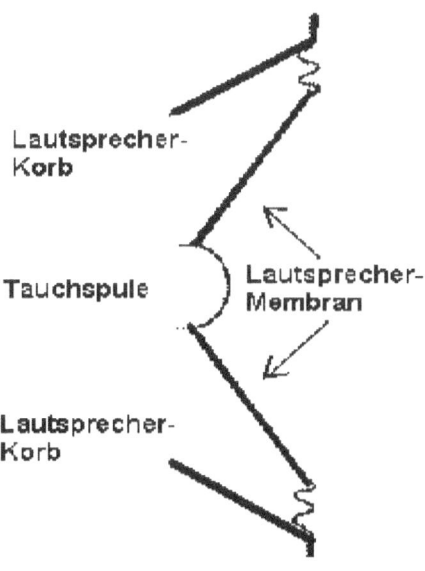

welche sich als Schallwellen mit Schallgeschwindigkeit ausbreiten und so einen akustischen Informationskanal zum Gehör oder einer anderen Empfangseinrichtung bilden. An dieser Vorstellung irritiert allerdings die Erkenntnis, dass sich Schallwellen in einem Medium mit konstanter Geschwindigkeit – der Schallgeschwindigkeit ausbreiten – was eigentlich nicht sein dürfte, wenn man bedenkt, dass die Schallgeschwindigkeit weitgehend unabhängig von Frequenz und Amplitude der Schallwelle ist. Eigentlich sollte doch erwartet werden, dass sich das Schallsignal nicht schneller ausbreitet, als sich die Membran bewegt hat. Nimmt man einen Fächer und wedelt damit, dann wäre eigentlich klar, dass sich Luft und Fächer mit demselben Tempo bewegen – allerdings wird man keinen Ton wahrnehmen. Vielleicht müßte die Bewegung der Membran schneller sein und somit soll ein Lautsprecher benutzt werden:

Man nehme einen Schallerzeuger, dessen Membran einen Hub - oder eine Schallauslenkung - von **s = 10mm = 0,01m** hat und diesen Weg, d.h. die Amplitude, in **t =0,0025s** zurücklegt. Da bei einer solchen Schwingung der Weg zum Maximum oder Minimum – also den Amplituden – viermal genommen wird, hätte man eine Schwingungsdauer von **T=0,01s** und damit nach f=1/T eine Frequenz von f=1/0,01=100 Hz. Rechnet man ungefähr die Geschwindigkeit aus, mit der sich die Lautsprecher-Membran maximal bewegt, so kommt man über den Weg einer Amplitude, welcher hier 0,01m sein soll und der in 0,0025s zurückgelegt wird, auf eine Geschwindigkeit von v=s/t, v= 0,01m/0,0025s und somit v= 4 **m/s** - etwas genauer und mit größerem Aufwand gerechnet, ergibt sich eine Durchschnittsgeschwindigkeit von 3,78m/s.

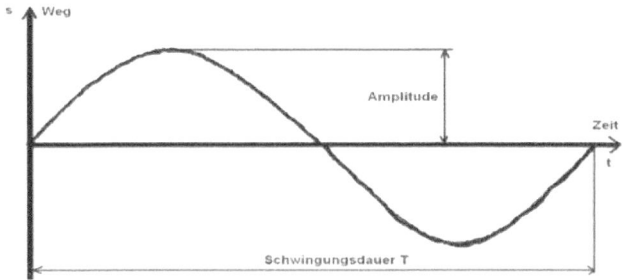

Vergleicht man diese Bewegung der Membran des Lautsprechers mit dem Wert der Schallgeschwindigkeit in trockener Luft, bei 20°C, welche **343m/s** beträgt, so wird erstaunlicherweise klar, dass eine Auslenkung der Lautsprechermembran mit **v= 4 m/s** eine Ausbreitung der Schallwelle mit **343m/s** verursacht. Wie kann etwas, was angeschoben wird, wesentlich schneller sein als der anschiebende Mechanismus?

Zur weiteren Klärung soll auch ein Beschleunigungswert ermittelt werden: Nach der Formel $s=a/2*t^2$, d.h. $a=2*s/t^2$, ergibt sich für eine Amplitude, d.h. für eine Viertelperiode, $a=2*0,01/(0,0025*0,0025)$, $a=3200 m/s^2$ – genauer aber aufwändiger gerechnet, erhält man eine Durchschnittsbeschleunigung von a = 2382 m/s^2.
Diese Beschleunigung ist erstaunlich hoch, d.h bei diesen Bedingungen wird durch die Membran eine Schallwelle erzeugt, die das Gehör als Ton erkennt.

Nimmt man als Vergleich das Wedeln mit einem Fächer, durch das kein wahrnehmbares Geräusch erzeugt wird, so ergibt sich folgende Rechnung:

Fächelt man sich über einen Weg von **0,1 m**, der in **1 s** zurückgelegt wird, Luft zu, dann wäre die

Beschleunigung $s = a/2*t^2$, somit $a=2*s/t^2$ und eingesetzt: $a = 2*0,1/1^2 = 0,2$ m/s². Mit einer Durchschnittsgeschwindigkeit von: $v=a/2*t=0,2/2*1=0,1$ m/s. Sowohl Beschleunigung als auch Durchschnittsgeschwindigkeit wären bei einer solchen Frequenz von **0,25 Hz** ziemlich niedrig.

Dieses Resultat stimmt mit der Erfahrung überein, dass hörbare Töne erst ab einer Frequenz von 16 Hz erzeugt werden. Hieraus ergibt sich, dass zur Erzeugung von Schallwellen hohe Beschleunigungen bei der Auslenkung mit Hilfe der Lautsprecher-Membran erforderlich sind.

Wie kann erklärt werden, dass bei hoher Beschleunigung einer auslenkenden Apparatur – z.B. einer Lautsprecher-Membran – Schallsignale erzeugt werden, die sich mit einer Schallgeschwindigkeit von 343m/s im Medium Luft ausbreiten? Eine Methode hierzu ist die Formulierung einer Modellvorstellung. Ein solches Modell soll im nächsten Abschnitt erläutert werden.

Ein Modell zur Schallentstehung

Aus Erfahrung ist bekannt, dass bei der Bewegung oder Verschiebung eines Gegenstandes der Weg vor diesem Objekt frei sein muß – und wenn dies nicht so ist, dann muß er frei gemacht werden. Entsprechend soll es sein, wenn sich eine auslenkende Apparatur oder auch Membran bewegt – denn davor befindet sich das Übertragungsmedium, z.B. ein Fluid wie Luft oder Wasser, welches als Aneinanderfügung von Molekülen gedacht werden kann. Wenn sich dann die Membran bewegt, müssen die davor befindlichen

Moleküle oder Teilchen irgendwo hin. Findet eine solche Auslenkung mit geringer Beschleunigung statt, so könnte man sich vorstellen, dass diese Bewegung durch die Elastizität der Moleküle oder Teilchen aufgefangen und weiter geleitet wird – entsprechend der Federung bei einem Automobil.

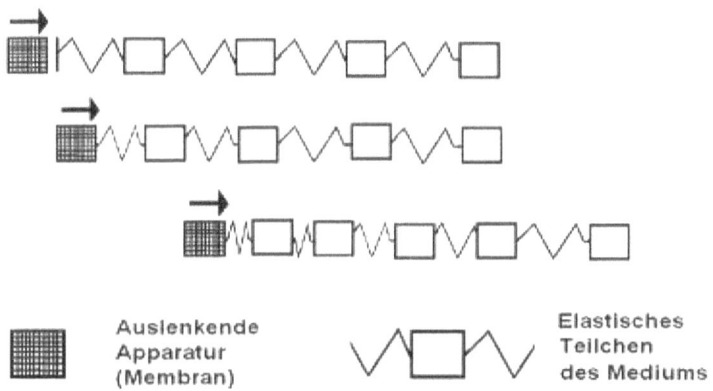

Wenn bei einer höheren Frequenz und damit höherer Beschleunigung der auslenkenden Apparatur die raumgreifende Bewegung nicht mehr durch die Elastizität der Teilchen aufgefangen werden kann – dann kommt es wie bei der Federung eines Automobils dazu, dass die Federn bis an die Elastizitätsgrenze durchgedrückt sind und ein harter Stoß an die Stoßdämpfer weiter geleitet wird. Entsprechend kann in dieser Modellvorstellung davon ausgegangen werden, dass ein Impuls mit hoher Geschwindigkeit durch das Übertragungsmedium rast – wobei es sich z.B. bei Luft dann um die Schallgeschwindigkeit von 343 m/s handelt. Trifft dieser Impuls im Medium auf einen Bereich mit Unterdruck, so können sich die Teilchen am Ende der Kette in diesen Raum hinein bewegen – so wie Wellen am Strand auslaufen. Rückwärts laufend ergibt sich so eine Entlastung, so dass die auslenkende Apparatur weiteren Raum einnehmen und weitere Teilchen des Mediums verdrängen kann. Es ist einleuchtend, dass die Geschwindigkeit einer solchen Fortpflanzung des Impulses mit einer Geschwindigkeit erfolgt, die vom Medium abhängig ist – bei Luft also mit Schallgeschwindigkeit.

Eigenschaft Elektromagnetisch

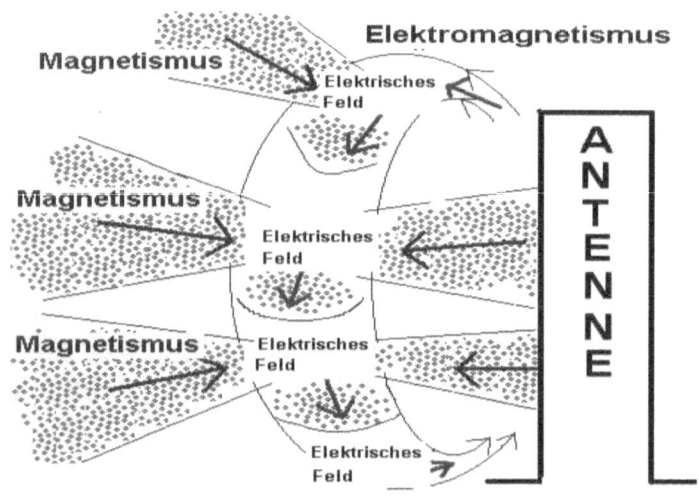

Als Ursache der Erzeugung von elektromagnetischen Wellen wird die hohe Beschleunigung von Teilchen, hier Elektronen, angesehen. Die großen Beschleunigungen kommen aufgrund der hohen Frequenzen im elektromagnetischen Spektrum zustande, d.h. die hinundher schwingenden Elektronen an einem Atom oder in einer Antenne stellen die auslenkende Apparatur oder Membran dar. Um anschaulich die Entstehung des magnetischen Phänomens zu erläutern, sollte man sich vorstellen, dass die Impulse bei der Schwingung der Elektronen in die eine Richtung Ätherteilchen weggeschoben haben und dabei ein elektrisches Feld aufbauen. Bei der (Rück-)Schwingung der Membran (auslenkende Apparatur, hier Elektronen) in die andere Richtung entsteht ein Unterdruck im Medium Äther. In den so verdünnten Raum strömen Ätherteilchen nach. Diese Strömung soll **magnetischer Fluß** genannt werden. Begründet werden diese Ansichten aus der Anschauung einer elektromagnetischen Welle, bei der die pulsierenden Feldstärken von **E** (elektrische Feldstärke) und **B** (magnetischer Fluss) um neunzig Grad phasenverschoben sind. Somit wird das elektrische Feld maximal, wenn der **magnetische Fluß** ein Minimum hat und sodann um neunzig Grad verschoben umgekehrt.

Äthermodell

Das Universum, d.h. der Weltraum und alle Materie, sei ausgefüllt mit **Ätherteilchen**. Die Beschaffenheit solcher Teilchen wird als sehr klein und mit sehr geringer Masse angenommen aber im weitesten Sinne immer noch als stofflich und den Gesetzen der Mechanik unterliegend. <u>In diese **Äthersubstanz** sind Moleküle, Atome und Elektronen als vergleichsweise große Partikel eingebettet. Wechselwirkungen zwischen diesen größeren Materie-Teilchen erfolgen durch Wellen und durch Strömungen der **Ätherteilchen**</u>, die durch entsprechende Impulse verursacht werden. Im äthergefüllten **Vakuum** findet die Impulsfortpflanzung elektromagnetischer Wellen mit Lichtgeschwindigkeit statt. Die **Ätherteilchen eines Gases oder Feststoffes** sind weitgehend gebunden, d.h. es gibt kaum einen Austausch mit den **Ätherteilchen des umgebenden Vakuums**. Erst bei höherer Energie kommt es zur Impulsabgabe aus dem dichteren Stoff zum Äther-Vakuum oder umgekehrt. Die lichtschnelle Impulsfortpflanzung als Grundlage der Übertragung von Photonen (Lichtquanten) soll anhand einer federnd verbundenen Anordnung von Teilen beschrieben werden. Bei einem Feststoff ist die Elastizität sehr gering, der Stoff wirkt hart. Bewegungen des einen Gegenstandsendes werden fast zeitgleich ans andere Ende übertragen. Es ist weitgehend egal, ob die Geschwindigkeit des verursachenden Impulses gering oder hoch ist, die Phasenverschiebung zwischen den Enden bleibt extrem klein. Anders liegen die Verhältnisse bei einem Gas oder wenn sich extrem elastische Druckfedern zwischen den Masseteilchen dieses Modells befinden: Ein langsames Antippen des Schwingungsgebildes führt zu gemächlicher Impulsweitergabe und es dauert einige Zeit bis sich das andere Ende bewegt. Allerdings läßt ein sehr schnelles, energiereiches Ansteuern dieser Reihe, die verzögernde Wirkung der Federn gegen null gehen, d.h. die Federn absorbieren nur wenig von der zugeführten kinetischen Energie und der Impuls pflanzt sich rasend schnell wie bei einem Feststoff fort.

Modellvorstellung elektrische Ladung

Das Wissen ueber Elektrizität geht auf die Entdeckung der Wirkung elektrischer Ladungen zurück, die als **statische Elektrizität** z.B. am (geriebenen) **Bernstein** (griech. **Elektron**) zu beobachten ist. Die anziehende und abstoßende Wirkung ungleicher bzw. gleicher Ladungen bilden eine Grundlage der Feststoffe. Atomrümpfe sind positiv geladen und stoßen einander ab. Zwischen ihnen befinden sich bewegte negativ geladene Elektronen, die anziehend auf die aus Neutronen und Protonen bestehenden Atomrümpfe wirken. Der Atomradius bildet sich somit als Gleichgewichtszustand zwischen den anziehenden und abstoßenden Kräften. Positive und negative Ladungen sollen als prinzipiell unterschiedliche Phänomene angesehen werden. Einerseits wird Spannung als Potentialdifferenz zwischen elektrischen Ladungen angesehen, andrerseits stoßen sich gleichnamige Ladungen unabhängig von deren Werten ab. Polaritäten wie **positive** und **negative Ladung** findet man bekanntlich auch beim Magneten als **Nord- und Südpol.**

Grob soll im nachfolgenden Modell die **negative Ladung als QUELLE** und die **positive Ladung als SENKE** angesehen werden. Diese beiden Pole werden durch eine spezielle **STRÖMUNG** von **Ätherteilchen** verbunden.

Im Einzelnen. Unternimmt man den Versuch, eine Vorstellung zur elektrischen Ladung zu entwickeln, so wird man bei anderen Ausarbeitungen sehr unterschiedliche Ansätze vorfinden: Mathematische Modelle, Raumwellentheorien sowie verschiedenartige Äthertheorien. Die letzteren sollen in dieser Arbeit Verwendung finden.

Der Raum wird als dreidimensional und gefüllt mit sehr kleinen elastischen Ätherteilchen angesehen. Um eine Analogie zur menschlichen Anschauung herzustellen, wird die grundsätzliche Wirkungsweise eines

Druckfeldes angenommen, dem bei unterschiedlichen Drücken ein Kraftfeld zugeordnet werden kann, welches Ätherteilchen in Richtung eines **Tiefdruckgebietes** strömen läßt. Ein solches Druckfeld ist in zweidimensionaler Version von Wetterkarten her bekanntund man kann zwischen "Hochdruckgebieten" und "Tiefdruckgebieten" unterscheiden, so dass entsprechende Bewegungen von Ätherteilchen denkbar wären.

Positive Ladungen erzeugen Tiefdruckgebiete, sie **wickeln Raum auf**, d.h. haben eine anziehende Wirkung auf die Teilchen. Auf diese Weise wird nebenbei die hohe Dichte der Nukleonen begründet. Es geht hier um plausible Vorstellungen, die sich eng an menschlichen Erfahrungen orientieren, d.h. es wird ein Modell skizziert, das sich fern von der Abstraktion, aber nah der Anschauung halten soll. Somit könnte die hohe Atomkern-Dichte mit der Härte des **Oelkuchens** verglichen werden, der durch die Pressung von Keimen zwecks Gewinnung von Pflanzenöl mittels spiralförmiger Spindeln entsteht. **Positive Ladungen** werden hier also umgeben von **spiralförmigen Strudeln** gesehen, die **Ätherteilchen** in den Kern pressen. Man könnte diesen Vorgang auch mit der Funktionsweise eines Häckslers vergleichen, der Geäst in einen Trichter zieht. Da in dem Entwurf einer solchen Vorstellung auch eine Erklärung für Anziehung zwischen unterschiedlichen Ladungen enthalten sein sollte, wäre vielleicht die Modellvorstellung einer schnell laufenden Turbine oder einer Schiffsschraube besser.

Negative Ladungen, Elektronen, sollen hingegen als Quellen von Impulsen gelten, die z.B. durch Rotation erzeugt werden. Die Emission jeden solchen Impulses hat auch eine Rückwirkung auf das als

Wellenoszillator funktionierende Elektron, diese Rückwirkung hängt von der Beschaffenheit des Raumes ab, auf welchen die Wellenfront trifft. Da diese Impulse dreidimensional kugelschalenförmig abgestrahlt werden, driftet das Elektron oder die negative Ladung dorthin, wo - aufgrund der Sogwirkung der positiven Ladung - der Widerstand am geringsten ist.

Somit stoßen sich **zwei negative Ladungen** ab, da deren Impulse oder Wellenfronten aufeinander prallen und das Medium bei schneller Impulsfortleitung eine komprimierte Härte aufweist. Hier wäre das Bild von zwei Wasserschläuchen, deren Spritzdüsen gegeneinander gehalten werden, sehr anschaulich: Die Schläuche werden auseinander gedrückt, wenn ihre Strahlen aufeinander prallen, d.h. negative Ladungen stoßen sich ab.

Bei **ungleichen Ladungen** liegen die Verhältnisse in etwa umgekehrt: Die von den Elektronen ausgesandten Impulse treffen auf ein Gebiet niedrigen Druckes um die positive Ladung herum, das durch die Sogwirkung der Spiral-Strudel erzeugt wird. Somit driftet das Elektron zur positiven Ladung, da der Widerstand in dieser Richtung gering ist. Entsprechend bewegt sich auch die positive Ladung in Richtung Elektron, da die spiralförmigen Strudel wie Schiffsschrauben oder Turbinen wirken und die positive Ladung wie ein Motorboot gegen die Strömung in Richtung negativer Ladung oder Elektron ziehen. Man könnte - zwecks Anschauung - das Bild eines Schlauches verwenden, dessen Wasserstrahl auf die Saugseite einer starken Pumpe gerichtet wird. Schlauch und Pumpe würden sich aufeinander zu bewegen, was zuerst paradox erschiene, aber verständlich wird, wenn man bedenkt, dass zuvor ein kräftemäßig ausgeglichener Zustand vorhanden war. So ist dann die "Sauggeschwindigkeit" größer als die Strömung. Andersherum ist die Rückwirkung des Wasserstrahls geringer, wenn er auf eine Sogwirkung trifft. Wobei der Schlauch das negative Elektron und die Pumpe den positiven Atomkern symbolisieren würden.

Schwieriger wird die Erläuterung der **Abstoßungsursache zwischen positiven Ladungen**, die in den bisher entwickelten Vorstellungen als **Tiefdruckgebiete** mit anziehender Wirkung auf Ätherteilchen dargestellt wurden. Grenzen zwei positive Ladungen aneinander, so hätten Teilchen dazwischen eine Kraftkomponente sowohl zu der einen als auch zu der anderen positiven Ladung hin. Die Resultierende bleibt somit mittig ausgerichtet. Zweidimensional betrachtet, strömen Teilchen von oben und unten in den Bereich zwischen den **positiven-Ladungen** und drücken diese auseinander.

Wenn bei den negativen und positiven elektrischen Ladungen die Metaphern des **Wegbewegens** und des **Einsammelns** benutzt wurden, so muß zur Vervollständigung des Bildes noch für Ersatz gesorgt werden, d.h., wo sich Ladungen bewegt haben, kommt es zu einer konzentrischen Nachströmung von Teilchen. Diese Vorstellung kann als magnetisches Phänomen angesehen werden, da sich nach Maxwell um bewegte elektrische Ladungen jeweils ein Magnetfeld ausbildet. Nachfolgend Abbildungen der Modellvorstellungen zu den elektrischen Ladungen.

Modellvorstellungen zu den elektrischen Ladungen

Statische Elektrizität - Wechselwirkung zwischen negativen und positiven Ladungen

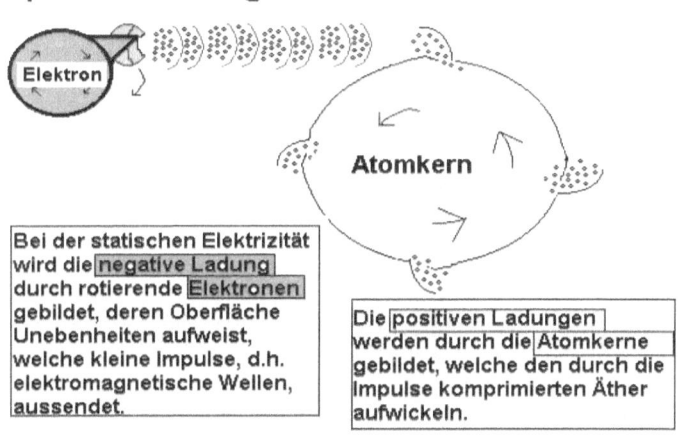

Bei der statischen Elektrizität wird die negative Ladung durch rotierende Elektronen gebildet, deren Oberfläche Unebenheiten aufweist, welche kleine Impulse, d.h. elektromagnetische Wellen, aussendet.

Die positiven Ladungen werden durch die Atomkerne gebildet, welche den durch die Impulse komprimierten Äther aufwickeln.

Statische Elektrizität - Abstossung zwischen negativen Ladungen

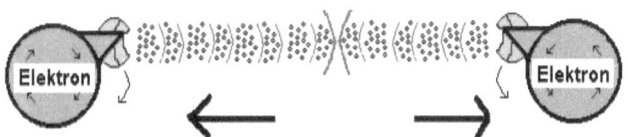

Stossen die von den ausgesandten Impulse verursachten Stränge komprimierten Äthers gegeneinander, so verursacht die Rückwirkung entgegengesetzte Bewegungen der Elektronen. Anschaulich kann dies am besten anhand des Beispieles zweier Wasserschläuche erklärt werden, die sich voneinander wegbiegen, wenn deren Wasserstrahlen aufeinander treffen.

Statische Elektrizität -
Anziehung zwischen positiven und negativen Ladungen

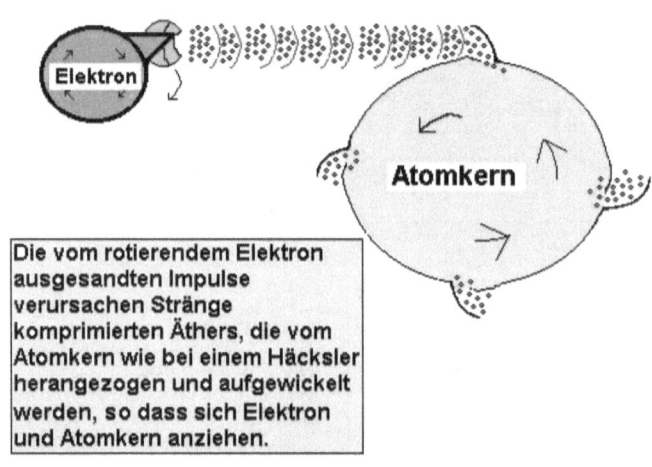

Die vom rotierendem Elektron ausgesandten Impulse verursachen Stränge komprimierten Äthers, die vom Atomkern wie bei einem Häcksler herangezogen und aufgewickelt werden, so dass sich Elektron und Atomkern anziehen.

Statische Elektrizität -
Abstossung zwischen positiven Ladungen

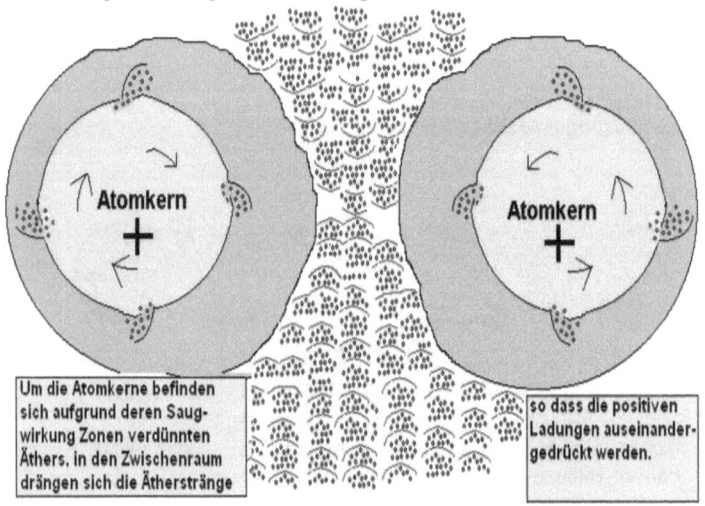

Um die Atomkerne befinden sich aufgrund deren Saugwirkung Zonen verdünnten Äthers, in den Zwischenraum drängen sich die Ätherstränge

so dass die positiven Ladungen auseinandergedrückt werden.

Erzeugung Elektromagnetischer Wellen über Schwingkreis und Antenne

Die prinzipielle Wirkungsweise einer Senderanlage soll geklärt werden, um so einige offene Fragen erörtern zu können. Insofern wurde als Modell eine möglichst einfache Apparatur gewählt, die aus einem Schwingkreis mit Spule und Kondensator und einer Stabantenne besteht.

Kondensator und Spule (Induktivität) bilden bei Zusammenschaltung einen Schwingkreis, dessen Pole rhythmisch wechselnd positive und negative Ladungen aufweisen. Wird solche Baugruppe mit einer Antenne versehen, so pendelt um und in ihr ein elektrisches Wechselfeld.

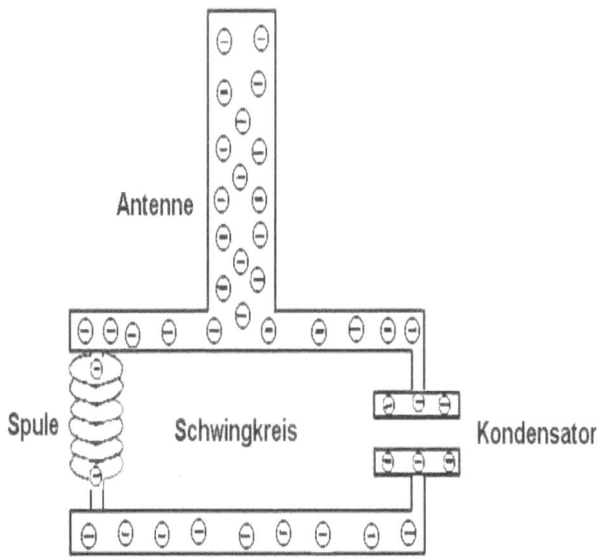

Der Kondensator wird geladen, so dass auf der einen Kondensator-Platte ein Elektronenüberschuss entsteht, d.h. die negativen Ladungen überwiegen.

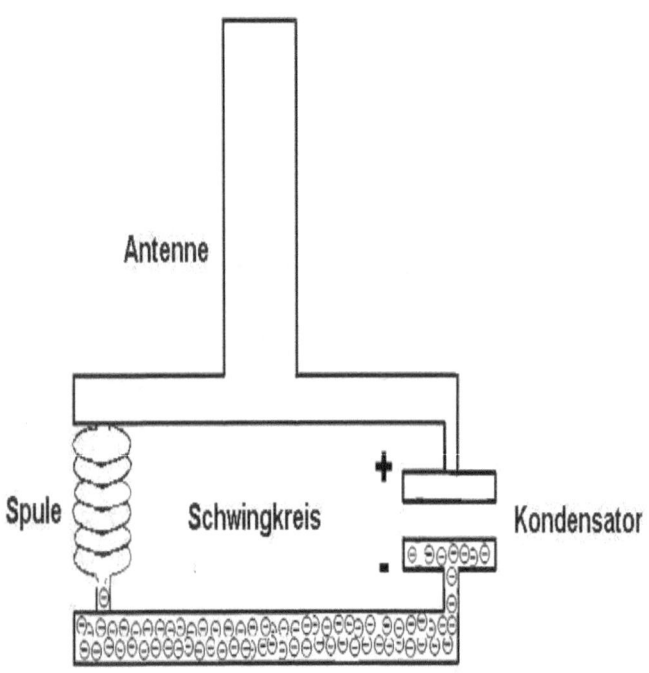

Da die so getrennten Ladungen sich über die Spule ausgleichen können, kommt es zu einem Stromfluss der negativen Ladungen bis auf beiden Kondensatorplatten ungefähr gleichviele Elektronen vorhanden sind. Durch den Strom wird allerdings in der Spule ein Magnetfeld aufgebaut, welches nach Ladungsausgleich am Kondensator zusammenbricht, da die treibende Spannung am Kondensator null geworden ist. Das zusammenbrechende Magnetfeld der Spule induziert nunmehr eine Spannung in der Spule, die wiederum einen Stromfluss in umgekehrter

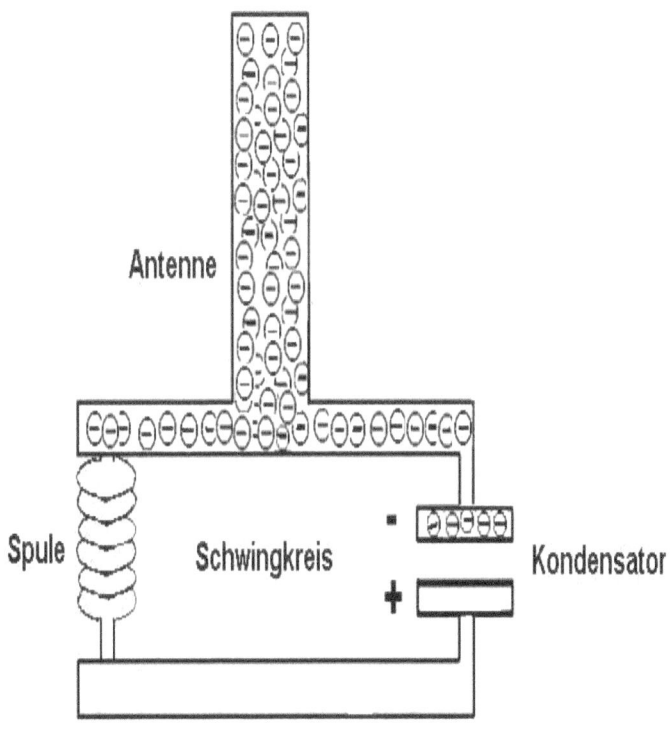

Richtung wie zuvor und einen Wechsel der Polarität verursacht

Diese Wirkungskette nur als Erklärung vorweg. Da die Bewegung der Elektronen in einem leitenden Material nicht groß ist – pendeln diese negativen Ladungsträger ungefähr um die Antennenmitte.

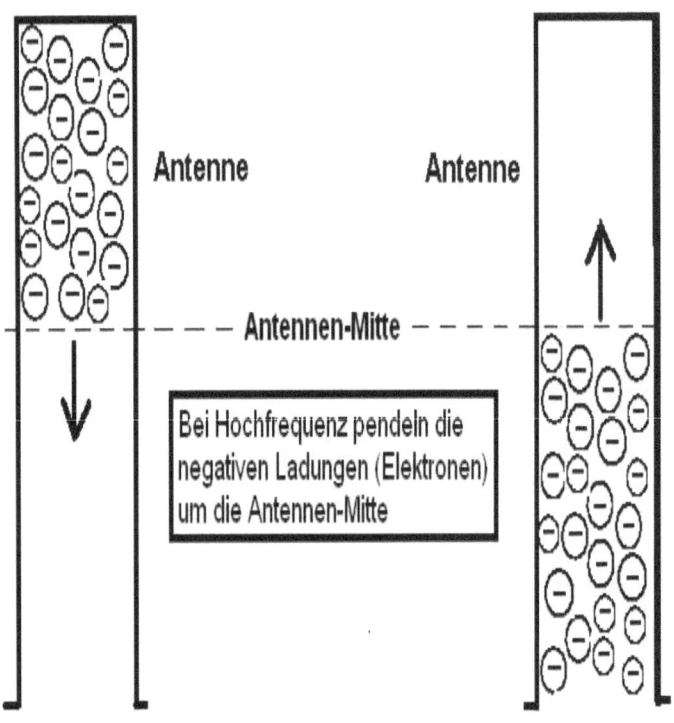

Nimmt man als Beispiel eine Mobilfunkfrequenz im Frequenzspektrum des D-Netzes, so würde folgendes gelten: Die Elektronen pendeln bei einer Frequenz von f=900 Mhz mit einer Amplitude von ungefähr $4,1*10^{(-}$

14) m sehr eng um eine Mitte und erreichen dabei eine Geschwindigkeit von 10^(-4) m/s. Allerdings ist die Beschleunigung mit a=133200 m/s^2 sehr hoch. Hohe Beschleunigungen lösen Impulse aus, die sich mit konstanter Ausbreitungsgeschwindigkeit fortpflanzen. Die Membran oder die auslenkende Apparatur wird in diesem Fall durch schwingende (oszillierende) Elektronen gebildet. In diesem Falle werden elektromagnetische Wellen von der Stabantenne abgestrahlt.

Ausblick

Theorien sollten Folgen ableitbar machen, die per Erfahrung geprüft werden können, sie werden damit zurückbegründet, d.h. verifiziert. Die folgerichtige Formulierung einer Theorie und deren Veranschaulichung durch Abbildungen stellen einen ersten Ansatz dar. Dieser könnte dann um die Simulation der vermuteten Vorgänge erweitert werden. Das, was qualitativ theoretisch formuliert wurde, sollte dann auch quantitativ bestimmbar sein und sodann rechnerisch auf etablierte Theorien - wenn möglich - bezogen werden können. Auch ein Bezug zu den Maxwellschen Gleichungen waere anzustreben. Methodisch soll das vorgestellte Modell über die Beschaffenheit der Übertragungsstrecke von Licht- oder Funksignalen durch den freien Raum der physikalischen Realität permanent weiter angeglichen werden und hiebei noch soviel Anschaulichkeit wie möglich behalten. Dieser Weg erfordert ständigen Diskurs mit anderen interessierten Personen, ein Studium historischer und gegenwärtiger Literatur, Ausarbeitung von Bildmaterial sowie fremdsprachliche Veröffentlichungen. Somit wird die forschende Arbeit nicht abreißen und noch manche Änderung von Inhalten bewirken.

www.ingramcontent.com/pod-product-compliance
Lightning Source LLC
Chambersburg PA
CBHW031518210526
45464CB00007B/2972